⬆ 단풍이 붉게 물든 내금강에서 바라 본 비로봉
Pirobong Peak from Nae-Kǔmgang, dressed up with red leaves.

차 례

책을 내면서

금강산 관광의 실현은 남북 분단 50여 년만의 최대 낭보가 아닐 수 없다. 금강산은 우리의 명산일 뿐아니라, 일찍부터 세계적인 명산으로 널리 알려져, 고려국에 태어나서 금강산 구경하는 것이 소원이라는 옛말까지 전해지고 있다. 그러나 분단 이후 지금까지는 오히려 역설적이었다. 고려국에 태어났기에 금강산 구경을 하지 못 했었다. 그로해서 우리 세대들은 한 세대 위 선인들의 기행문이나 여행담을 듣고 사진으로 구경하며 언젠가 가볼 수 있을까 하는 염원으로 지내왔다.

그래서 이제 많은 사람들이 보물처럼 소중히 모으고 간직해 왔던 그림과 사진 그리고 안내지도 등을 한데 모아 관광길에 앞서 공람코저 이 책을 낸다.

듣건대는 산천은 의구하지만 유명한 사찰이요, 문화재인 장안사·신계사·유점사 등은 소실되었고 표훈사만 남았다고 하니 이제는 사진으로 밖에 볼 수 없게 되었다.

그리고 이 책에는 춘원 이광수 선생의 명문으로 알려진 기행문 <영봉 금강산> 도 함께 실었다.

선생은 이 글에서,

"아아! 아무리 하여도 비로봉의 절경을 글로 그릴 수는 없습니다. 아마 그림으로 그릴 수도 없을 것이외다. 몽상 외의 광경을 당하니 다만 경이와 탄미의 소리가 나올 뿐이니라, 내 붓은 아직 이것을 그릴 공부가 차지 못 하였습니다"

하고 더하여

"비로봉 대자연을 사람아 묻지마소
눈도 미처 못 보거니 입이 능히 말할손가.
비로봉 알려하옵거든 가 보소서 하노라.

라고 읊고 있다.

끝으로 이 책에 수록한 사진들은 1920년을 전후해서 발행된 엽서와 1919년 조선총독부 제작의 그림지도, 그리고 1930년과 1935년도에 나온 금강산사진첩 등 여러 권의 옛 사진첩에서 그 일부를 전재했으며 4장의 근래 사진은 <명산 사계> (서문당 1988년 발행)에 실었던 것을 재수록했음을 밝힌다.

1998년 8월
글쓴이 최 석 로

Foreword

The realization of Kŭmgangsan tour is one of the most pleasant thing in 50 years after the division of Korean peninsula. Kŭmgangsan mountain is very famous for its beauty not only in Korea, but also in the world. 'Born in Korea, the greatest desire is to see Kŭmgangsan', have said Korean people. But up to now we couldn't tour Kŭmgangsan mountain only because, paradoxically, we were born in South Korea. All we can do was to read travel discriptions, to see photographs and to wait for the new era.

Here I present a new book to share photographs and maps of Kŭmgangsan mountain, which have been treasured for a long time by many Koreans. I hope that this book can help you all, who are preparing Kŭmgangsan tour.

August 1998
Choi, Suk − ro

■ 글쓴이 약력

한국일보사 기자 · 주간한국 차장(1963~1968) /독서신문사 대표이사(1975~1982)
서문당 대표 (1968~현재) / 한국역사자료연구원 원장 (1988~현재)
저서: <옛 그림엽서>, <오늘의 역사>, <민족의 사진첩 전3권> −1995년 한국 출판문화상 수상
편저: <詩를 위한 명언>

집선봉의 근경　집선봉 계곡 가까이서 본 천하절경의 집선봉.

민족의 영산 -세계적인 보물-

한국이 가진 세계적인 보물', 금강산은 유럽의 알프스와 더불어 세계적인 명산이다. 알프스가 엄청난 위용으로 자연의 경이로움을 가진 산이라면 금강산은 다양한 매력을 지닌 요소가 조화를 이루는 동양적인 아름다움을 가졌다고 말할 수 있다. 해발 1,638미터에 달하는 비로봉을 비롯해 만물상, 망군대, 백마봉 등의 1만 2천개의 봉우리는 각각의 위엄을 뽐내고 있으며, 수많은 계곡 사이로 떨어지는 폭포는 금강산의 또다른 얼굴이다. 산중에 숨어있는 고사찰들은 불교를 신봉했던 신라인들의 숨결을 그대로 간직한 채 태고의 신비를 뽐내고 있다. 금강산은 분수령이 되는 산봉우리를 경계로 내금강과 외금강, 해금강으로 각각 나뉜다. 내금강은 계곡 중심의 부드러운 여성미를 느끼게 하는 반면, 외금강은 거친 산세로 남성적인 매력을 풍긴다. 해금강은 기묘한 바위들이 조화를 이루고 있어 마치 물 위에 떠있는 금강산을 연상시킨다.

이 책은 금강산의 아름다움을 느낄 수 있도록 금강산의 대표적인 절경을 소개하는 동시에, 등산객에게도 도움이 될 수 있도록 등산로를 따라 볼 수 있는 비경도 함께 소개하였다. 그리고 이미 소실되고 없는 것으로 알려진 몇 개의 사찰도 함께 실은 것은 그동안에 어디가 어떻게 얼마나 달라졌는가를 알아보기 위함에서이다.

Kŭmgangsan tour

Kŭmgangsan mountain, 'the world treasure in Korea' is very famous with the Alps in Europe. While the Alps shows enormous power of nature, Kŭmgangsan mountain has the harmonious oriental beauty. There are 12 thousand peaks, including Pirobong Peak, the highest, falls, old buddhist temples...

Kŭmgangsan mountain consists of Nae(inner)—Kŭmgang of feminine beauty, Oe(outer)—Kŭmgang of masculine power and Hae(sea)—Kŭmgang, mountain upon the sea.

In this book we introduce representative beautiful scenes of Kŭmgangsan mountain, famous sights along the climbing way. You can see also temples, which were already burnt down during the Korean War.

내금강 −여성적 계곡미−

♠ 내금강 망군대의 조망

영원암(靈源庵)에서 백탑동계곡을 따라 내려가면 연화(蓮華), 수렴동 대비(大飛)폭포가 자리잡고 있으며, 그곳에서 조금 험한 산길을 1킬로미터 정도 오르면 유명한 망군대(望軍臺)가 나타난다.

망군대는 수천년의 세월동안 화강암이 비바람에 깎여 신비한 형상을 만들어 내고 있으며, 정상에는 수십명이 앉을 만한 평지가 있고, 정상에 서면 묵서쪽으로 비로봉,중향성(衆香城)이, 동남쪽에는 장경(長慶), 관음(觀音), 백마(白馬), 차월(遮月), 미륵(彌勒), 일출(日出), 월출(月出), 등의 봉우리를 볼 수 있다.

Manggundae in Nae-Kŭmgang

The beauty of Manggundae is almost unparalleled. Being exposed to wind and rain for thousands years, the granite became round and formed a flat land. Pirobong Peak and Chunghyangsŏng are standing on the north of Manggundae and Changgyŏng, Kwanŭm, Paekma, Ch'awol, Mirŭk, Ilch'ul, Wolch'ul Peaks are on the south.

♠ 가까이에서 본 망군대
A near view of Manggundae

◐ 내금강 만폭동

금강산의 4대 사찰 중의 하나인 표훈사(表訓寺)에서 마하연(摩訶衍)에 이르는 2,200미터 사이에는 거대한 두 바위가 석문을 형성하고 있는데, 이곳이 바로 내금강의 절경, 만폭동(萬瀑洞)이다. 만폭동에는 흑룡담(黑龍潭), 비파담(琵琶潭), 벽파담(碧波潭), 분설담(噴雪潭), 진주담(眞珠潭), 구담(龜潭), 선담(船潭), 화룡담(火龍潭), 등 소위 8담의 절경이 제 각기 독특한 아름다움을 뽐내며 관광객들의 마음을 사로잡는다.

Manp'okdong in Nae-Kŭmgang

On the 2,200 meters way from P'yŏhunsa Temple, one of the four great temples in Kŭmgangsan mountain to Magayŏn Pool we can see two huge rocks, forming the stone gate. Here, in Manp'okdong, eight ponds attract you with their unique beauty. Eight ponds are; Hŭkryongdam(Black dragon) Pond, Pip'adam(Lute) Pond, Pyŏkp'adam(Blue wave) Pond, Punsŏldam (Snow-scattering) Pond, Chinchudam (Pearl) Pond, Kudam(Turtle) Pond, Sŏndam(Ship) Pond and Hwaryongdam(Fire dragon) Pond.

◐ 장안사

장안사(長安寺)는 내금강 산장에서 북쪽으로 1킬로미터정도 떨어진 백천동에 자리잡고 있으며, 유점사(楡岾寺)와 함께 금강산의 2대 사찰로 불리운다. 신라 23대 법흥왕 때 진표율사에 의해 창건되었으며, 조선시대 세종 때에 이르러 대웅전,지성전 등을 비롯한 여섯개의 법당이 새롭게 증축되었다. 하지만 알려진 바로는 한국전쟁 당시에 소실되어 현재는 주춧돌만 남았다고 한다.

Changansa Temple in Nae-Kŭmgang

This is the greatest temple in Nae-Kŭmgang and one of the two great temples in all Kŭmgangsan mountain with Yujŏmsa temple in Shin-Kŭmgang.
It was built by Chinpyoyulsa, a monk in the reign of King P'ophŭng of Shilla in the 6th century A.D.
The six buildings such as Daeungjŏn Hall, Chisŏngjŏn Hall were constructed in Chosŏn in the 17th century. But unfortunately the temple was burnt down in Korean War, leaving a cornerstone only.

⬆ 신금강 은선대

은선대(隱仙臺) 정상에는 거대한 화강암 암석들과 낙엽송을 비롯한 고목들이 조화를 이루고 있다 이곳에서는 신금강 계곡 사이로 떨어지는 열두 폭포의 장쾌한 물 소리를 그대로 들을 수 있다.

Ŭnsŏndae in Shin(new)-Kŭmgang
Ŭnsŏndae is a terrace overlooking the ravine of Shin-Kŭmgang. On the top of it huge granite rocks and old trees are standing. The sound of twelve falls is clearly heard.

50여년 만에 다시 보는 금강산

최근(98년)에 북한 당국은 서울의 〈현대〉와 금강산 개발계획이 구체화 되면서 오는 9월부터는 금강산 관광단이 선편으로 북녘의 명승을 탐승 할수 있게 되었다.

한국의 동해안에서 북한의 장전(長箭)항까지는 선편으로 분단선을 넘고 외금강 온정리(溫井里)를 중심으로하는 관광탐승 길이 열렸다.

관계자에 따르면 숙박은 장전에 정박하는 대형 크루즈선을 이용하고 그 제1코스는 장전항.온정리.신계사터.일광대.목란관.금강문, 여기서 옥류동 계곡으로 들어가 연주담 .무봉폭포.비봉폭포, 유명한 구룡폭포와 구룡연을 보고 돌아오는 10킬로미터의 당일 코스를 개방한다고 발표하고 있다. 이 제1코스는 금강산의 중심부로 외금강이 자랑하는 관음연봉을 바라보며 탐승 할수 있고 상팔담도 탐승하는 대표적인 관광코스이다.

제2코스는 장전항.온정리.만상정.삼선암.귀면암.천선대.만물상까지의 9킬로미터 코스로 만물상을 볼수 있는 천선대에서는 세지봉(1,025m) 속만물상, 멀리 오봉산(1,264m) 그리고 비로봉을 바라 볼수 있는 코스이다. 또 이 코스에서는 온정리 부근의 수정봉(773m), 발봉(488m), 대자봉, 매암 등을 탐승 할 수 있다. 제1코스의 구룡연에서도 약 7.3킬로미터에 있는 비로봉을 동쪽에서 볼수 있지만 계곡이 깊어서 오히려 제2코스의 천선대에서 북쪽 비로봉의 원경을 볼 수 있게 되기를 기대해 본다.

제3코스는 해금강 코스로 장전항.삼일포.해금강 일대.총석정으로 이어지는 32킬로미터의 해로 관광이다.

이상 3개의 코스는 외금강 중심이고 내금강은 아직 개방하지 않고 있음이 안타깝다.

또한 외금강에서 빼놓을 수 없는 코스는 신계사터에서 동석동 계곡을 타고 선하폭포를 보면서 옛 법기봉에서 세존봉과 그 맞은편의 집선봉 연봉을 전망

[참고] 철도 를 이용 했던 1940년대 관광일정 Kŭmgangsan mountain tour schdule with a map, used before the division of Korea in 1945

〈 내금강 관광〉
당일코스 : 서울발 23.00 ⇨ 철원발 02.40 ⇨ 내금강착 06.28 ⇨ 장안사 ⇨ 명경대 ⇨ 표훈사 ⇨ 만폭동 ⇨ 마하연 ⇨ 묘길상 ⇨ 장안사 ⇨ 내금강발 16.50 ⇨ 철원발 20.20 ⇨ 서울착 22.35

2일코스 : 제1일;서울발 07.48 ⇨ 철원발 10.20 ⇨ 내금강착14.22 ⇨ 장안사 ⇨ 명경대 ⇨ 수렴동 ⇨ 영원암 ⇨ 장안사 1박,
제2일;장안사 ⇨ 표훈사 ⇨ 정양사 ⇨ 만폭동 ⇨ 마가연 ⇨ 백운대 ⇨ 장안사 ⇨ 내금강발 16.50 ⇨ 철원발 20.20 서울착 22.35

3일코스 : 제1일;서울발 15.45 ⇨ 철원발 18.30 ⇨ 내금강착 ⇨ 20.19 장안사 1박,
제2일;장안사 ⇨ 명경대 ⇨ 수렴동 ⇨ 영원동 ⇨ 망군대 ⇨ 장안사 1박,
제3일;장안사 ⇨ 표훈사 ⇨ 정양사 ⇨ 만폭동 ⇨ 마가연 ⇨ 백운대 ⇨ 장안사 ⇨ 내금강발 16.50 −철원발 ⇨ 20.20 서울착 22.35

〈 외금강 관광〉
4일코스 : 제1일;서울발23.00 ⇨
제2일;안변발06.12 ⇨ 온정리착 ⇨ 10.35 ⇨ 온정리 ⇨ 한하계 ⇨ 구만물상 ⇨ 신만물상 ⇨ 온정리 1박,
제3일;온정리 ⇨ 신계사 ⇨ 옥류동 ⇨ 구룡연 ⇨ 온정리1박, 안변발 ⇨ 23.46
제4일;서울착06.50

5일코스 : 제1일;서울발23.00 ⇨
제2일;안변발06.12 ⇨ 총석정 탐승 4시간 ⇨ 온정리착 ⇨ 14.35 ⇨ 해금강착 16.40 ⇨온정리착18.00 1박.
제3일;온정리 ⇨ 신계사 ⇨ 옥류동 ⇨ 구룡연 ⇨ 상팔담 ⇨ 온정리 1박,
제4일;온정리 ⇨ 한하계 ⇨ 구만물상 ⇨ 신만물상 ⇨ 온정리 ⇨ 온정리발18.35 ⇨안변착23.32 ⇨ 제5일;서울착06.50

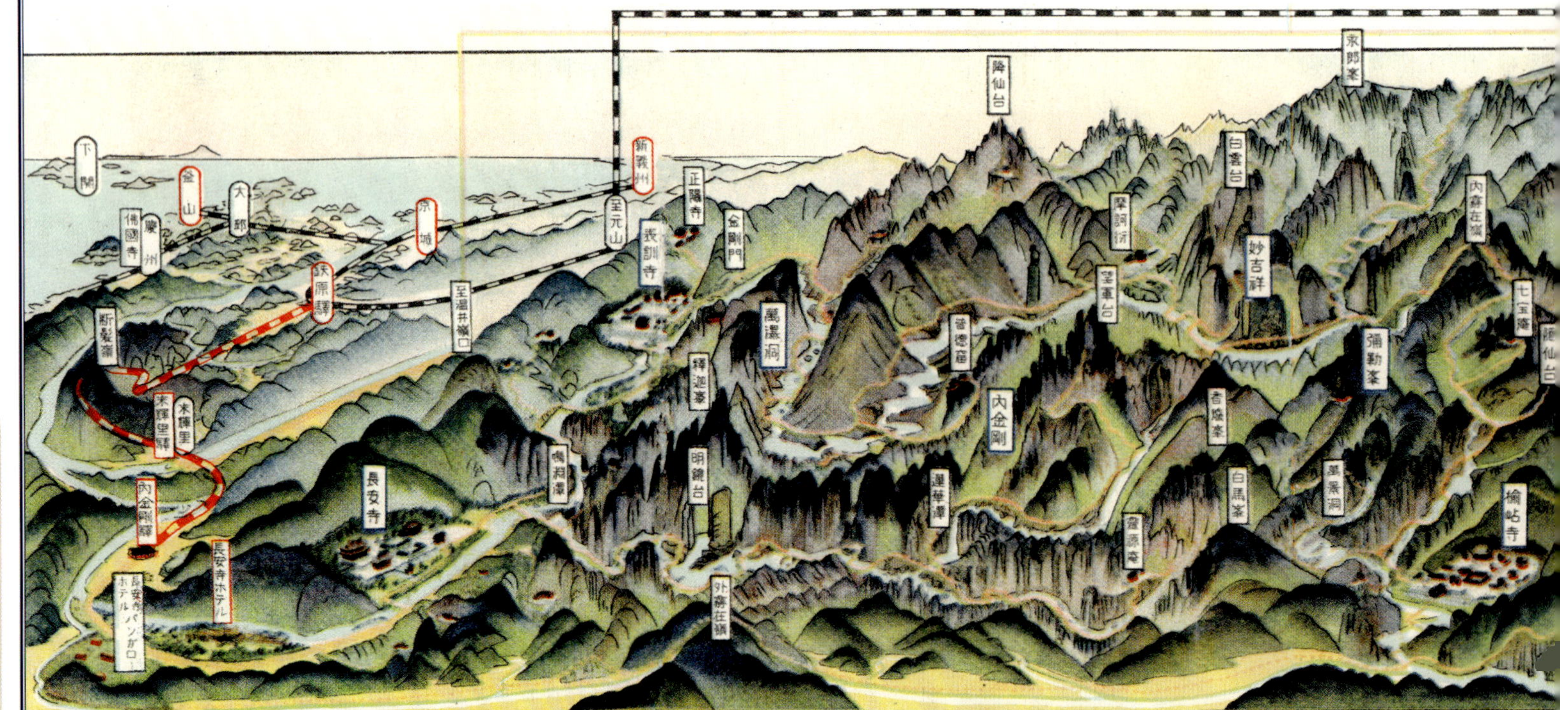

개방 예정의 3개 관광코스 →

제1코스
장전항 → 온정리 → 신계사터 → 일광대 → 목란관 → 금강문 → 옥류동계곡 →
연주담 → 무봉폭포 → 비봉폭포 → 구룡폭포 → 구룡연

제2코스
장전항 → 온정리 → 만상정 → 삼선암 → 귀면암 → 천선대 → 만물상

제3코스
장전항 → 온정리 → 삼일포 → 해금강일대 → 총석정

한 다음 채하봉에 이르는 11킬로미터의 코스이다. 특히 용혈에서의 전망은 내외금강을 함께 바라볼 수 있는 가장 좋은 전망이다. 이는 외금강의 웅장한 연봉들과 세존봉 연봉을 볼 수 있는 알펜코스 이기도하다.

미구에 금강산 탐승이 정착 되면 비로봉 코스나 내금강 코스도 개방될 것을 기대하고 이에 따라 장전의 항만시설 숙박시설과 대규모 공연장 건설까지 완공될 때 내외금강과 신금강을 자유롭게 관광하는 날이 하루 빨리 올 것을 기대한다.

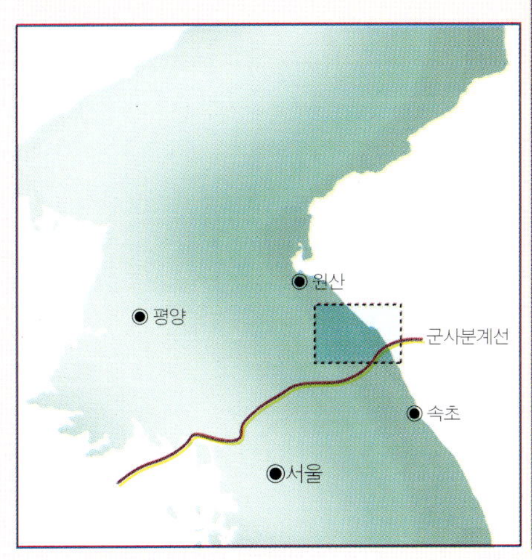

◐ 1941년, 철도국 제작의 금강산 여행 안내도 A roadmap of Kŭmgangsan mountain by the Office of the railroads in 1941

금강산 전도 (金剛山全圖)
Map of KŬMGANGSAN

내금강 (內金剛)
NAE-KŭMGANG

비로봉 (毘盧峰)
PIROBONG

영랑봉 (永郎峰)
YŏNGRANGBONG

수미암 (須彌庵)
SUMIAM

외금강 (外金剛)
OE-KŭNGANG

선암 (船庵)
SŏNAM

가엽굴 (迦葉窟)
KAYŏPGUL

중향성 (衆香城)
CHUNGHYANGS NG

월출봉 (月出峰)
WOLCH'ULBONG

백운대 (白雲臺)
PAEKUNDAE

일출봉 (日出峰)
ILCH'ULBONG

만회암 (萬灰庵)
MANHOEAM

옥녀동 (玉女洞)
OKNYŏDONG

수광대 (水光臺)
SUGWANGDAE

태상동 (太上洞)
TAESANGDONG

마하연 (摩訶衍)
MAHAYŏN

내원통암 (內圓通庵)
NAEWONTONGAM

사자암 (獅子岩)
SAJAAM

묘길상 (妙吉祥)
MYOGILSANG

삼선동 (三仙洞)
SAMSŏNDONG

범기봉 (法起峰)
PŏPGIBONG

사선교 (四仙橋)
SASŏNGYO

내무재령 (內霧)
NAEMUJAERY

보덕굴 (普德窟)
PODŏKGUL

백화담 (白華潭)
PAEKHWADAM

방광대 (放光臺)
PANGGWANGDAE

청호연 (青壺淵)
CH'ŏNGHOYŏN

만폭동 (萬瀑洞)
MANP'OKDONG

정양사 (正陽寺)
CHŏNGYANGSA

향로봉 (香爐庵)
HYANGROBONG

망군대 (望軍臺)
MANGGUNDAE

백탑동 (百塔洞)
PAEKTAPDONG

청학대 (青鶴臺)
CH'ŏNGHAKDAE

두솔암 (兜率庵)
DUSOLAM

표훈사 (表訓寺)
P'YOHUNSA

금강문 (金剛門)
KŭMGANGMUN

지장봉 (地藏峰)
CHIJANGBONG

차일봉 (遮日峰)
CHAILBONG

일화암 (日華庵)
ILHWAAM

석가봉 (釋迦峰)
SŏKGABONG

수렴동 (水簾洞)
SURYŏMDONG

삼불암 (三佛庵)
SAMBULAM

영원암 (靈源庵)
YŏNGWOAM

백마봉 (白馬峰)
PAEKMABONG

안양암 (安養庵)
ANYANGAM

명경대 (明鏡臺)
MYŏNGGYŏNGDAE

명연담 (鳴淵潭)
MYŏNGYŏNDAM

황천강 (黃泉江)
WHANGCH'ŏNGANG

배재령 (拜再嶺)
PAEJAERYŏNG

관음봉 (觀音峰)
KWANŭMBONG

장안사 (長安寺)
CHANGANSA

장경봉 (長慶峰)
CHANGGYŏNGBONG

장안사 (長安寺) 호텔
CHANGANSA HOTELL

탑거리 (塔巨里)
TAPGŏRI

외무재령 (外霧在)
OEMUJAERY N

백천동 (百川洞)
PAEKCH'ŏNDONG

지 말휘리 (至 末輝里)
TO - MALWHIRI

금강산 안내도

1933년, 재단법인 금강산협회 제작

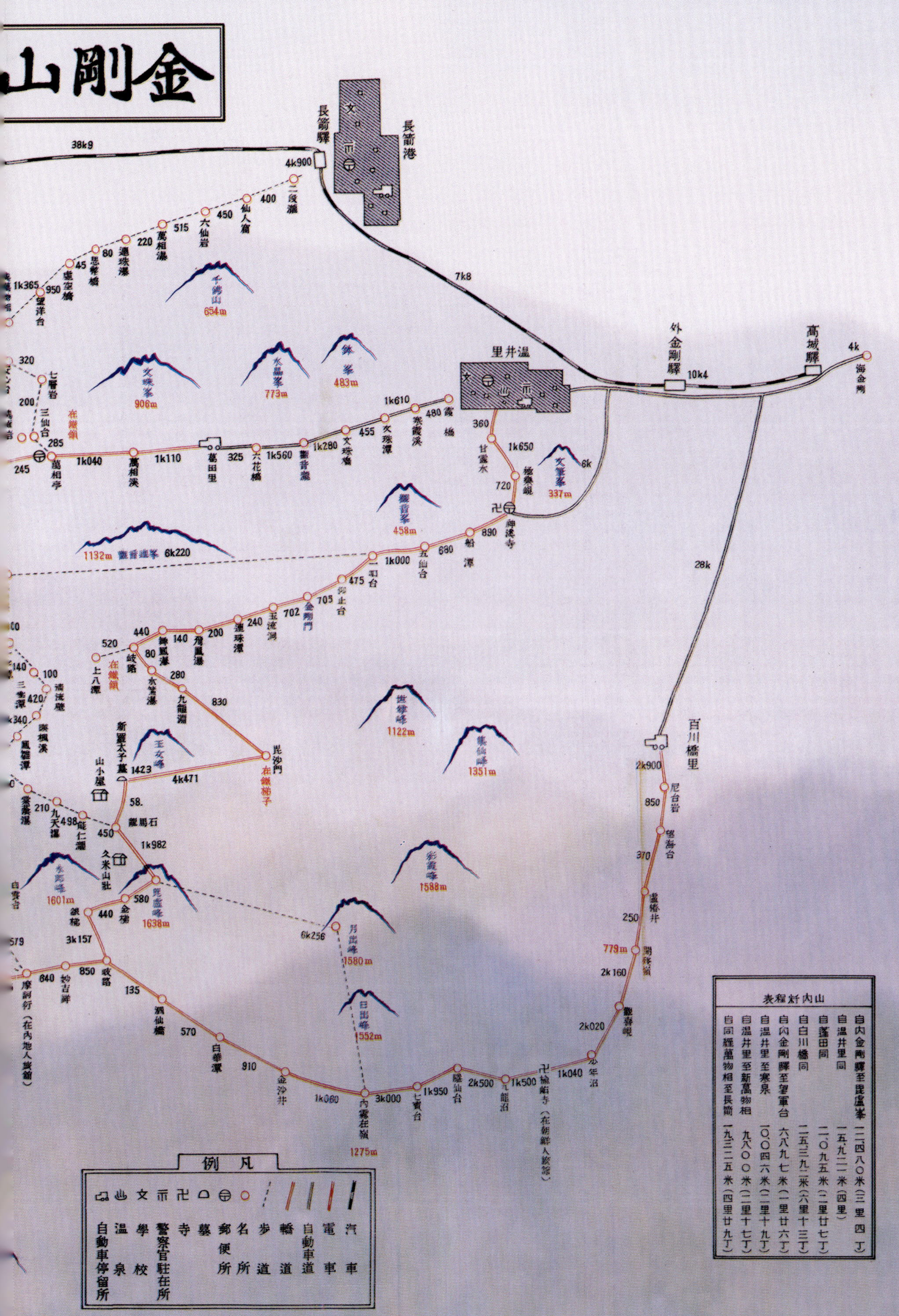

金剛山
長箭驛　長箭港
38k9
4k900
三段瀨　400
仙人窟
萬相瀧　450　515
九仙岩
思聖橋　220
通珠潭　80　45
虛空橋
1k365　950
望洋台
千佛山　654m
320
七寶岩　200
三仙台
在巖嶺　285
文珠峯　906m
水晶峯　773m
釋峯　483m
1k610
斎楊　480
文珠橋
久珠潭
觀音瀑
1k040　1k110　萬相溪
葛田里　325
六花橋　1k560　文珠潭　1k280
245
獅子峯　458m
1132m　靈郎峯　6k220
二珀台　1k000　475
船潭　890
舶潭　680
神溪寺
甘露水　360
1k650
隆泰巖　720
文筆峯　337m
6k
28k
十里台　702
金剛門　705
玉流洞
進珠潭　240
440　140　200
520　舞鳳瀑　80
在巖嶺
上八潭　280
水晶瀑　九龍淵　830
飛鳳潭
新羅太子墓　1423
山小屋
毘沙門　4k471
在微柚子
王女峯
58.
龍馬石
450　能仁庵　1k982
玉鏡峯　1122m
集仙峯　1351m
白雲台　先到峯　1601m
銀積　440　毘盧峯　1638m
金樓　580
彩霞峯　1588m
3k157
579
840　妙吉祥　850
戒路　135
6k256　形出峯　1580m
摩訶衍
(在内地人旅館)
泗仙橋　570
白華潭　910
日出峯　1552m
金沙井　1k060
3k000
內霧在嶺　1275m
隧仙台　2k500　1k950
七寶台　1k500
飛龍泡
1k040
少年沼
卍　楡岾寺
(在朝鮮人旅館)
海金剛　4k
高城驛
外金剛驛　10k4
温井里　7k8
百川橋里
2k900
尼台岩　850
望海台
370
温楪井　250
779m　關流嶺　2k160
鑾轎峴　2k020

凡例
汽車
電車
自動車道
轎道
步道
名所
郵便所
墓所
寺
警察官駐在所
學校
温泉
自動車停留所

山内行程表
自内金剛驛至毘盧峯　二二四八〇米(三里四丁)
自温井里同　一五九二二米(四里)
自舊田同　二〇九五米(二里七丁)
自白川橋同　二五三九三米(六里十三丁)
自内金剛驛至望軍台　六八九七米(一里廿六丁)
自温井里至寒泉　一〇〇四六米(二里十九丁)
自温井里至新萬物相　八〇〇〇米(二里十七丁)
自同經萬物相至長箭　一九三二五米(四里廿九丁)

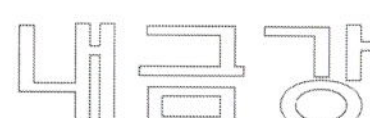

◐ 묘길상

금강산에 있는 불상 중에서 최대 규모를 자랑하는 묘
길상(妙吉祥)이다. 암벽에 새겨져 있는 미륵보살로
그 크기는 폭 9미터 높이 18미터이며 미려한 조각 솜
씨는 보는 이들의 감탄을 자아내게 한다. 앞에는 1기
의 석등룡이 있으며, 고려시대 나옹조사(懶翁祖師)
에 의해 조각된 것으로 전해지고 있다.

Myogilsang in Nae-Kŭmgang
Myogilsang is the greatest image of Budda in
Kŭmgangsan mountain. The image of sitting
Mirŭkbosal is exquisitely engraved on the surface of a great plane
rock. It is 18 meters high.

◑ 내금강역의 옛모습

경원선이 끊기지 않았을 때인 남북분단 이전에는 매
년 5월부터 10월까지 서울에서 내금강역을 잇는 탐
승열차가 다녔었다. 역에서 장안사까지는 걸어서
30분 거리이다.

Nae-Kŭmgang Station
Nae-Kŭmgang Station is the terminus of the eletric line between
Ch'ŏlwon and Nae-Kŭmgang before the division of Korea.
Changansa Temple is a 30 minute's walk from the station.

◆ 진주담

마하연과 내원통암(內圓通庵) 두 곳에서 양쪽으로 흘러내리는 계곡은 향로봉의 산기슭에서 만나 만폭동 입구에 이르게 되는데, 만폭동에는 만폭 8담이 있다. 8담에는 급류의 물이 암각(岩角)에 부딪쳐 흩어지는 물방울이 진주처럼 아름답다는 진주담(眞珠潭)을 비롯해서 물색이 검푸르다는 흑룡담, 물살이 세다는 벽파담, 분설담, 구담, 선담, 화룡담, 비파담이 있다.

Chinjudam(Pearl) Pond in Nae-Kŭmgang
This pond is one of the eight ponds in Manp'okdong.
The name "Pearl Pond" came from the sight of the rapid stream that breaks into many
pearly sprays on the great mossy rocks.
The beauty of the deep blue water which are scattered all over the precipices of the ravine
is almost beyond expression.

◆ 만폭동 풍경

향로봉 오른쪽 계곡의 흐름을 받아 만폭동(萬瀑洞)계곡을 이루고, 계곡을 쫓아 넘쳐 쏟아지는 물이 때로는 폭포를 만들고, 폭호(瀑壺)를 만들어 줄을 이으니 이른바 이것이 내금강 제일의 절경 팔담(八潭)이다.

Manp'okdong Ravine
Innumerable falls and torrents are all along the Manp'okdong ravine. It has been called the most
beautiful sight in Nae-Kŭmgang.

◆ 내금강 구성동 계곡

비로봉 정상에서 비마석(飛馬石)으로 내려와 구룡연으로 가는 길에서 왼쪽 아랫길로 돌아들면 옥류동 계곡에 버금가는 구성동(九成洞) 계곡이 나온다. 11킬로에 달하는 구성동 계곡은 규모면에서 옥류동보다는 다소 쳐지지만 능인(能仁)폭포를 비롯한 구천(九天)폭포, 상음(常陰)폭포의 조화는 어디에도 찾아볼 수 없는 장관을 이룬다. 사진으로 본다는 것은 그 일부분 일 뿐, 산악미와 계곡미가 한데 어우러진 절승을 여기서 보게된다.

Kusŏngdong Ravine in Nae-Kŭmgang
Going down from Pirobong Peak towards Pimasŏk, and then taking
a route of the left side, we can reach Kusŏngdong Ravine.
Though it is smaller than Okryudong Ravine, beautiful sight made by
falls, like Nŭnginp'okp'o, Kuch'ŏnp'okp'o and Sangŭmp'okp'o is
incomparable.

◐ 마하연

마하연은 표훈사에 속해 있는 유명한 선단(禪壇)으로, 신라 문무왕 원년에 명승 의상(義相) 대사가 창건했으며, 그후 조선시대 순조 때 월송 선사가 중수한 건물이다. 마하연은 촉대봉 기슭 고대(高臺)에 위치해 있으며 고대의 높이는 해발 846미터나 된다. 뒤로는 중향성 백운대 등 높은 봉우리를 배경으로 하고 있다.

Mahayŏn Temple in Nae-Kŭmgang

At the end of Manp'okdong and in the north of Ch'okdaebong Peak Mahayŏn Temple, a Zen Temple stands. The temple was founded by a famous bonze Ŭisang in the first year of King Munmu of Shilla. The present buildings were mended by a Zen bonze "Wolsong" in the reign of King Sunjo of Chosŏn.

◑ 보덕굴

만폭동 분설담 오른쪽, 법기봉(法起峰)의 중간 낭떠러지에 구리기둥
(銅柱) 하나에 의지하고 있는 보덕굴(普德窟)이 있다. 이 보덕굴은 고
려 성종 때 회정선사(懷正禪師)가 창건했으며, 그 후 몇 번의 재건을 거
쳐 지금에 이르고 있다. 회정선사는 장안사를 재건하기도 한 명승이다.

Podŏkgul Hermitage in Nae-Kŭmgang
On the mountain side of Pŏpgibong Peak stands a hermitage supported by an iron pillar.
This hermitage was built by Hoejŏngsŏnsa, a founder of Changansa Temple.

◑ 분설담

분설담은 만폭동 팔담(八潭) 즉 여덟 연못 중 하나로, 보덕굴 아래 법기
봉 암벽을 타고 내려오는 물줄기로 이루어진다. 규모는 크지 않지만,
기묘한 바위와 물줄기의 형태가 장관을 이루는 곳이다.

Punsŏldam(Snow-scattering) Pond in Nae-Kŭmgang
Punsŏldam Pond is one of the Eight Ponds of Manp'okdong and located just below the
Podokgul Hermitage. Overflowing water from the pond breaks into spray against the rocks
and form a torrent. The rock formation as well as the stream are unique and exceedingly
beautiful.

◑ 내금강 표훈사

만폭동의 기암이 병풍처럼 둘러져 있는
곳에 금강산 최대 사찰인 장안사와 필적
한 규모를 가진 표훈사(表訓寺)가 있다.
신라 30대 문무왕 때 표훈조사(表訓祖
師)가 창건했으며, 지금의 사찰은 조선
시대 중기에 재건한 것으로 한국전쟁의
전화에서 금강산 4대 사찰 중 유일하게
남은 절이다.

P'yohunsa Temple in Nae-Kŭmgang
With fantastic rocky peaks behind and turbulent
rapids in front, there stands, on this sequestered
place, P'yohunsa Temple. It is one of the four great
temples in Kŭmgangsan mountain and the only
remaining temple after Korean War.
The temple was founded by P'yohunchosa, a monk
of Silla in the 7th century. The present buildings are
those rebuilt in the middle period of Chosŏn.

◑ 정양사

표훈사에서 구절양장(九折羊腸) 험로를 따라가면 방광대(放光臺) 산허리에 정양사(正陽寺)가 있다. 신라 2대 남해왕 때 창건되었고, 지금(사진)의 건물은 조선시대 중기에 재건된 것이다. 경내의 팔각당에는 3미터나 되는 석불약사가, 뒤 반야전(般若殿)에는 대반야경이 각각 안치 소장되어있고 절 앞 광장에는 일천여년의 신라 고탑 5층석탑이 서 있다. 그러나 정양사 역시 한국전쟁 당시 소실되어 버리고 없다 하니, 가서 확인해 볼 일이다.

Chŏngyangsa Temple in Nae-Kŭmgang

It is said that this temple was also burnt down during Korean War.

Originally it was built in the period of Silla and reconstructed in Chosŏn dynasty.

Inside the Temple was seated a stone Buddha image of 10 feet high and in Panyajŏn Hall Panyakyŏng Scripture was stored. A five-storied pagoda and a stone lantern were standing in front of the building.

⬆ 내금강의 사선교

내금강의 사선교(四仙橋)는 비로봉 가는 길의 내무재령과 구미산장 사이의 효운동(孝雲洞) 계곡을 건너는 다리이다. 나무로 놓은 다리라 옛날부터 폭우 때마다 유실이 잦았다.

Sasŏnyo(Four nymphs) Bridge in Nae-Kŭmgang
This is a wooden bridge on Hyoundong Ravine, which links Naemujaeryŏng Pass and Kumisanjang Cottage.

⬆ 벽파담

벽파담은 비로봉 남쪽, 내재무령(內在嶺)霧에서 생긴 계류가 마하연 아래에 이르러 법기봉의 암벽에 부딪히면서 생긴 것으로, 벽파담(碧波潭)이라는 이름은 계곡의 물이 물 밑의 암반으로 맹렬하게 떨어지는 형상에서 비롯된 것이다. 만복농 8남 중의 하나이나. 사신의 윗부분에는 기둥 하나에 의지하고 있는 보덕굴이 보인다.

Pyŏkp'adam(Blue Wave) Pond in Nae-Kŭmgang
Started from the south of Pirobong Peak, a mountain stream are being dammed up by a rock of Pŏpgibong Peak under Magayŏn Pool. This is one of the eight ponds in Manp'okdong.

⬇ 내금강 삼불암

삼불암(三佛巖)은 명연담(鳴淵潭)에서 흐르는 지류를 따라 배재령을 왼쪽으로 보며 백화암(白華庵)으로가는 중간에 있다. 길 연변에 삼각형의 큰 바위가마주 서 있는데 그 왼쪽 바위 벽면에 오른쪽으로 부터 미륵불, 석가불, 아미타불 순으로 새겨져 있다. 조선시대 초기 나옹조사(懶翁祖師)에 의해 조각된 것이다.

Sambulam, "Three Buddha Rock" in Nae-Kŭmgang
On the way to the Hermitage named Paekhwaam, seeing a distant view of Paejae Pass to the left, we come up to enormous rocks standing close on both sides of the path, among which we find a rock on the left side, on which three Buddhist Images are engraved by skillful workers. This is what we call Sambulam.

⊙ 발연사의 안경교

발연사(鉢淵寺)는 집선봉을 등에 지고 동해를 바라보는 곳에 위치해 있다. 신라 법흥왕 12년 지금으로부터 1700여년전 진표율사가 창건했다고 전해진다. 사진은 삼도계곡(參道溪谷)에 두 개의 아치식 안경모양으로 놓아진 안경교(眼鏡橋) 부근의 모습이다.

The two-arched bridge near Palyŏnsa Temple
The ancient temple called Palyŏnsa is situated behind Chipsŏnbong Peak and faces the East Sea. The temple was built about 1700 years ago in the reign of King Pŏphŭng of Shilla.
The photo shows the two-arched bridge spanning over the valley.

⊙ 발연소

새로운 관광코스로 각광받고 있는 발연사 계곡은 집선봉 뒤쪽에 자리잡고 있다. 계곡 밑으로는 영산의 이름에 걸맞는 맑은 물이 흐르고 그 중에서도 발연소(鉢淵沼)는 신비한 물빛깔로 가장 눈부신 곳이다.

Palyŏnso Pond
Newly discovered course for sightseers, Palyŏnsa Ravine lies behind Chipsŏnbong Peak. A crystal brook runs through this ravine.
Palyŏnso is a glassy pond, on which the surrounding peaks are clealy reflected.

⬆ 내금강의 명경대

장안사를 뒷편으로 백천동(百川洞)계곡의 급류를 건너 황천강(黃泉江)을 따라가면 명경대를 만날 수 있다. 거석이 병풍처럼 둘러싸인 가운데 고요하게 담겨있는 검푸른 수면에는 주위의 봉우리들이 모두 그 모습을 드리워 거울처럼 비치고 있다. 또 부근에는 신라 말기 마의태자의 거주지로 전해지는 고성지(古城趾)가 남아있다.

Myŏnggyŏngdae in Nae-Kŭmgang
Starting from Changansa Temple, we go up the Whangchŏn river and at last we come upon the terrace of Myŏnggyŏngdae, where huge and square rocks are standing high up. The smooth surface of the lake is reflecting all the grand peaks around it like a mirror! There is also a historical place, where the last prince of Shilla dynasty, Maŭi, had lived.

외금강 -거센 산악미-

◑ 금강산 제일봉 비로봉의 대관

금강산 1만 2천봉 가운데에서 가장 빼어나다는 비로봉은 내금강과 외금강을 합쳐 가장 높은 최고봉 1,638미터이다. 산 정상에 서면 가깝게는 팔담과 내금강의 장쾌하고 웅장하던 제봉(諸峰)들이 모형처럼 저 아래로 보이고 동으로는 동해가 뛰면 빠질듯 발 아래로 한 눈에 들어온다. 이를 두고 많은 탐승자들은 "천하무비" "천하무류"라 일컫고 있다.

The Grand view of Pirobong Peak in Oe-Kŭmgang
This is the highest(1638 meters) and the most beautiful peak among the twelve thousand peaks
in Kŭmgangsan mountain. On the top of it you can see eight ponds, number of peaks and far away the East Sea.

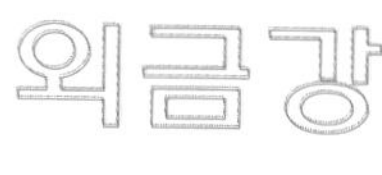

◑ 채하봉 정상에서 본 전망

금강산의 수많은 봉우리 중에
서 세 번째로 높은 채하봉에
서 보는 광경은 보는 이로 하
여금 마치 하늘에 올라와 있는
듯한 착각을 일으키게 한다.

A view from the top of Ch'aehabong Peak
Ch'aehabong Peak is the third highest
peak in Kŭmgangsan mountain.

◑ 외금강 옥류동 옥류곡

신계사 경내에서 관음봉과 세존봉의 그림자를 바라보며 걷다보면 잡목림이 나타나고, 잡목림 사이를
헤집고 나가면 그 앞에 금강문이 있다. 금강문은 옥류곡의 입구이며 그 안에 들어서면 옥류계 제일의
명소 옥류동을 볼 수 있다. 옥류곡은 옥류동을 중심으로한 승지(勝地)의 총칭이다.

Okryugye(Bead Stream) Ravine in Oe-Kŭmgang
Passing Kwanŭmbong and Sejonbong Peaks, a clear stream becomes strong and deep. This is Okryugye Ravine. Okryudong is
the most beautiful place in Okryugye Ravine.

◑ 외금강의 구룡폭포와 구룡연

구룡폭포는 온정리에서 서쪽으로 8킬로미터 거
리에 있는 옥류계의 최상단에 있다. 폭포의 길이
는 50미터로 금강산 중 제일 큰 폭포이다. 폭포
의 밑은 단 한 장의 반석으로 되어 폭포에 의하여
뚫린 폭호가 10미터에 이르며 이를 구룡연이라
고 한다. 폭포 옆, 절벽에 미륵불(彌勒佛)이라고
새긴 큰 글자는 1920년에 김규진(金圭鎭)이 불
교도들의 청으로 새긴 것인데 예서이며 높이 19
미터에 폭이 3.6미터나 된다.

Kuryongp'okp'o Fall and Kuryongyŏn(Nine Dragon) Pond in
Oe-Kŭmgang
Kuryongp'okp'o Fall This is the largest fall in Kŭmgangsan
mountain. The sound of the waterfall dashing over the
precipice of 107 feet high is uproaring until the whole ravine
echo it.
The Name "Nine Dragons Pond" came from the legend that
the nine dragons hid themselves in this pond when they were
defeated by 53 Buddas of Yujŏmsa Temple.

◐ 외금강 속만물상의 조망 1

만물상은 금강산의 명소 중 가장 출중한 곳으로 구만물상, 신만물상, 속만물상으로 이어지는 풍경은 장관이다. 속만물상 정상에는 세지봉이 자리잡고 있으며 신, 구만물상에서 본 오봉산과 세지봉 사이의 연맥(連脈)을 속만물상이라 일컫는다.

Sok-Manmulsang in Oe-Kŭmgang(Part 1)

Manmulsang means the whole of creation. In Kŭmgangsan mountain it consists of Ku(old)—Manmulsang, Shin(new)—Manmulsang and Sok(sequel)—Manmulsang. Sejibong Peak is the highest in Sok(sequel)—Manmulsang.

◐ 외금강의 속만물상의 조망 2

금강산의 특징은 보는 방향에 따라 그 느낌이 매우 다르다는 것이다. 신, 구만물상이 그 대표적인 예이다. 기괴한 암석의 형상은 조물주의 신비한 힘을 느끼게 하며 장관은 속만물상에서 최고조를 이룬다.

Sok-Manmulsang in Oe-Kŭmgang(Part 2)

Kŭmgangsan mountain has many changing faces depending on the viewing directions. In the grotesque and strange shapes of rugged rocks of Sok—Manmulsang we can feel bold and fantastic touches of chisel by the creator.
The cluster of granite rocks of diverse shapes is the unparalleled sight not only in Korea, but also in the world.

◐ 외금강의 귀면암

구만물상 중에서 가장 괴이한 형태를 하고 있는 바위이다. 귀면암(鬼面巖)은 삼선암에서 북쪽에 위치한 준봉으로,하늘을 우러러 보는 형상을 하고 있으며 보는 위치에 따라 각기 다른 형상을 느끼게 한다.

Kwimyŏnam Rock in Oe-Kŭmgang

Kwimyŏnam(Ghost—faced Rock) is towering on the northern end of Samsŏnam.
Its shape changes according to directions.It looks like a howling tiger or an angry giant.

◐ 외금강 집선봉의 원경

집선봉(集仙峰)은 금강산의 웅대한 자연미를 한 눈에 느낄 수 있는 명봉이다. 해발 1,351미터에 이르는 고도는 산악인들의 동경의 대상이요. 인간의 손이 닿지 않은 자연의 신비함이 느껴지는 천산만악(千山萬嶽)의 호쾌한 산악미(山岳美)가 집선봉의 대경관이다.

A distant view of Chipsŏnbong Peak in Oe-Kŭmgang
Chipsŏnbong is 1,351 meters high and has harmonious beauty of the ravine, the mountain and many branches. The art of the Creator is almost out of expression.

◑ 눈 덮인 귀면암

귀면암은 눈에 덮여 흰색을 띠고 있는 겨울철과 저녁해가 질 무렵, 붉게 물들었을 때의 모습이 극치이다.

Kwimyŏnam Rock, covered with snow
Kwimyŏnam Rock is magnificent in winter and in the evening.

◑ 외금강의 천선대

구만물상에서 계곡물을 따라 오르면 신만물상의 비경이 눈앞에 펼쳐지고 신만물상 정상에 있는 천녀봉의 석문을 지나면 기관(奇觀)을 자랑하는 천선대(天仙臺)가 그 모습을 나타낸다. 이윽고 천선대에 서면 관음봉을 비롯해 구름에 둘러싸인 채하봉이 보이고 천산만악의 뒤로 금강산 최고봉인 비로봉이 우뚝 나타난다.

Ch'ŏnsŏndae in Oe-Kŭmgang
Passing through Sŏkmun(Stone Gate) on Ch'ŏnnyŏbong Peak of Shin-Manmulsang, you can see Ch'ŏnsŏndae.
From Ch'ŏnsŏndae you can see Kwanŭmbong Peak, Ch'aehabong Peak and Pirobong Peak.

↥ 금강산의 신설(新雪) Fresh snow on Kŭmgangsan Mountain

⬆ 눈 덮인 세존봉

눈덮인 금강산 세존봉(世尊峰)의 숭고한 자태는 마치 천상의 세계인 듯 환상적이며,
산 전체에서 풍기는 웅장함은 알프스의 그것과 다름없다.

Sejonbong Peak, covered with snow

⬇ 외금강의 연주담

옥류동계곡에서 천자만태(千姿萬態)
의 경치를 보며 좁은 계곡을 따라 들
어가면 깊고 푸른 연못이 자리잡고
있는 데, 이곳이 바로 연주담(連珠
潭)이다. 연주담은 옥류동 계곡 제일
의 명소로 맑고 푸른 물이 기암 위로,
괴석 사이로 혹은 실타래에서 하얀
실이 풀려나오듯 뿜어나와 보는 이의
마음을 사로잡는다.

Yŏnjudam Pond of Okryugye Ravine in
Oe-Kŭmgang

If we turn to the left from Okryudong, where the
stream flow, we come up to the green slopes
and a great rock, intercepting our way.
This is Yŏnjudam Pond; it is blue, deep and
makes an great impression on seekers' heart.

⬆ 비로봉 정상에서 본 대관

비로봉은 금강산 1만 2천봉의 주봉으로 정상에서는 금강산의 봉우리들 뿐만 아니라, 한반도의 산야와 멀리 동해가 한 눈에 내려다 보인다.

Grand View of Pirobong Peak

Pirobong peak is the main one among thousands of peaks in the Kŭmgangsan mountain. From its summit come into view not only the peaks in the region and valleys on Korean Peninsula, but also grand sights far away to the East sea.

⬆ 외금강 옥류동계곡의 비봉폭포

연주담에서 준험한 암벽 사이를 오르면 곧바로 오른쪽 암벽에서 은하가 흐르듯 떨어지는 폭포를 보게된다. 이것이 옥류동 또 하나의 비경인 비봉(飛鳳)폭포이다. 그리고 오른쪽 아래에도 또 하나의 폭포 무봉(舞鳳)폭포가 자리잡고 있다.

Pibongp'okp'o(Flying phoenix) Fall of Okryugye Ravine in Oe-Kŭmgang

As we pass through Yŏnjudam, we can see claggy rocks and the scene around us becomes quiet and secluded. At last we can see a great silvery stream dashing over the edge of a cliff to the left.

⬆ 외금강 관음봉

온정리(溫井里)에서 서쪽으로 향하면 왼쪽에 우뚝 솟아있는 관음봉(觀音峰)을 볼 수 있다. 관음봉은 이름에서 알 수 있듯이 산세가 부드럽고 온화한 것이 특징이다.

Kwanŭmbong Peak in Oe-Kŭmgang

In this majestic beauty Kwanŭmbong Peak is unrivalled in Kŭmgangsan Mountain. It is also called Posalbong Peak.

◐ 집선봉 전망대에서 본 외금강 제봉

집선봉은 해발 1,351미터로 거칠고 부드러운 면이 함께 조화를 이루고 있으며 그 주변에는 문주봉(文珠峰), 세지봉(世至峰), 옥녀봉(玉女峰) 등이 군집을 이루고 있다. 봉우리가 서로 끊임없이 연결되어 있는 외금강의 전경을 한 눈에 내려다 볼 수 있는 최적의 전망대로 관광객들의 사랑을 받고 있는 곳이다.

Oe-Kŭmgang from an observatory on Chipsŏnbong Peak
Chipsŏnbong Peak is 1,351 meters high above the sea. Seeing from the observatory on the top, we are charmed by the grand panorama of Oe-Kŭmgang.

☝ 눈덮인 비로봉

구룡연 가까이에서 산세를 뽐내고 있는 것이 금강 제일의 영산, 비로봉이다. 비로봉은 겨울에 더욱 아름다운데, 사방으로 뻗어있는 눈덮인 산자락이 햇빛에 빛나는 모습은 눈이 부실 정도이다. 정상에서 구성동으로 난 길을 따라 내려오면, 구미산장(久米山莊)이 모습을 드러낸다.

Pirobong Peak in snow

The noble shape of Pirobong Peak, the highest of Kŭmgangsan Mountain is seen near Kuryongyŏn Pond. This peak is most beautiful in winter.
Going down toward Kusŏngdong, you can see Kumisanjang Cottage.

☝ 외금강 구룡연

Kuryongyŏn(Nine Dragon)Ravine, Oe kŭmgang

외금강의 연담교

비봉폭포에서 지류를 띠리기
다 보면 오른쪽에 푸른 물소
리가 장쾌한 계곡이 나타난
다. 그 계곡을 따라 산허리에
이르면 암벽에 커다랗게 새
겨져 있는 '연담교(淵潭橋)'
라는 글자를 볼 수 있다. 원래
자연석으로 만들어진 다리가
있었으나 붕괴되었고, 현재
의 연담교는 1934년에 새롭
게 개축한 조교이다.

Yŏndamgyo Bridge in Oe-Kŭmgang
Taking our way along the right bank
of the stream from Pibongp'okp'o
Fall and passing through the
sequestered glen, we can see
Kuryongŏn Fall and a suspension
bridge. This is Yŏndamgyo Bridge. It
was built in 1934 after the collapse of
an original stone bridge.

⊙ 외금강의 오봉산

속만물상이란 신,구만물상에서 본 높이 1,263미터의 오봉산(五峰山)과 높이 1,025미터의 세지봉(勢至峰)을 연결하는 산맥의 총칭으로 각각의 독립된 봉우리가 괴이한 형상으로 모여 있다. 안심대(安心臺)에서 조금 윗쪽으로 난 길을 따라 600미터 정도를 올라가면 세지봉 정상에 이르며, 이어 오봉산 정상에 오르면 세지봉 보다 더 멀리 더 넓게 조망되어 천불산 너머로 장전(長箭) 시가지와 장전항이 한눈에 들어오고 동해의 푸른 물결이 눈을 부시게 한다

Obongsan mountain in Oe-Kŭmgang

From Ku(old)–Manmulsang and Shin(new)– Manmulsang we can see a long rugged mountain between Obongsan(Five peak Mountain) and Sejibong Peak. This is what we call Sok–Manmulsang.

On the top of Obongsan mountain you can see the port of Changjŏn city and the East Sea.

⊙ 외금강의 신계사

온정리에서 가까운 곳에 금강산 4대 사찰인 신계사(神溪寺)가 있다. 신계사는 신라 33대 법흥왕 시대 보운조사가 창건하고 진덕여왕 때까지 최고의 사찰로 불리워졌으나 사찰 제일의 보물인 만세루가 소실되면서 사진과 같이 반야보전과 고탑, 나한전, 칠성루 등만이 남아 있었다. 그러나 이 절 역시 한국전쟁 당시 소실되었다고 한다.

Shingyesa Temple in Oe-Kŭmgang

This temple is in the west of Onjŏngri.

It was built by Pounchosa, a monk in Shilla in the 6th century. The old pagoda and the palatial building of the temple in this photograph remind us of old days.

It was one of the four great temples in Kŭmgangsan mountain but burnt down during Korean War.

해금강 —물위에 떠 있는 금강산—

↥ 해금강의 불암

해금강의 절경 중에서 빼놓을 수 없는 불안(佛岩)은 인석리에서 불과 2,3분 거리에 있다. 동해의 거친 파도에 침식당해 자연적으로 생성된 모양이 마치 부처의 모양같다고 해서 붙여진 이름답게 불암은 신비한 형상을 뽐내고 있다. 불암은 '53불(佛)의 전설'과 헤아릴 수 없이 많은 바닷새들의 서식지로도 유명하다.

Pulam(Buddha) Rock in Hae-Kŭmgang
This rock is situated at a distance of two or three minutes walk from Ipsŏkri Village. This is also famous for its legend about the 53 Buddhas.

↥ 해금강의 선유

해금강의 관광은 선유에서 시작된다. 보통 입석리에서 배를 타고 송도를 관광하고 거기서 다시 1킬로미터 정도로 나가면 암초가 난립한 바다 속의 금강이라는 해만물상을 만날 수 있다.

Boating in Hae-Kŭmgang
Boating in Hae-Kŭmgang is started from Ipsŏkri Village. In boating you can see Hae-Manmulsang, Kŭmgangsan mountain under the sea.

42

◯ 해금강의 일출

동해의 아침 햇살이 황금 파도를 일구며 다가오는 일출 광경은 해금강의 또 하나의 장관을 만든다.해금강은 산과 계곡으로 연결되어 있는 내외금강, 신금강과는 또다른 절경을 볼 수 있는 매력적인 곳이다. 해금강이 있는 입석리는 고성(高城)역에서 자동차로 약 4킬로미터의 거리에 있다. 입석리에서 배를 타고 송도나 불암 등을 관광하는 코스가 가장 무난하다.

The sunrise at Hae-Kŭmgang

Getting off the train at Kosŏng Station and going east by car, we can reach a beach named Ipsŏkri. The sea around Songdo Islet is called Hae-Kŭmgang. Many islets dotted on the sea, and green pine trees on the islets are beautiful beyond description.

◯ 해금강의 기관(奇觀)

해금강은 입석리에서 배를 타고 송도를 지나 1킬로미터 정도 항해하면 '바다의 만물상' 이라 불리우는 곳에 도착한다. 갖가지 형상을 한 바위들의 모양은 해금강에서만 볼 수 있는 장관이다.

The rare scene of Hae-Kŭmgang

Hae-Kŭmgang or so-called Hae-Manmulsang is 1 km off Songdo Islet. We can go there by sea or by walking along the beach. Many rocks of monstrous shape charm the visitors.

◯ 해금강의 적벽강

고성의 남쪽을 흐르는 적벽강(赤壁江)은 강 위로 비치는 산 그림자가 특히 아름답다.

The River Chŏkbyŏkgang in Hae-Kŭmgang

The river flows to the south of the village of Kosŏng and has beautiful sights along the banks.

◯ 삼일포

삼일포(三日浦) 정류장에서 북쪽으로 약 1킬로미터, 온정리에서 오른쪽으로 약 2킬로미터 정도를 지나면 삼일포라는 호수가 나온다. 삼일포는 원래 해금강에 속해 있으며, 관동팔경의 하나로 삼일포라는 이름은 옛날 신라시대에 영랑, 술랑, 안상, 남석 등 4명의 신선이 주변의 경관에 반해 3일동안 머물렀다고 해서 붙여진 것이다. 호수의 중심에는 크고 작은 두 개의 섬이 있고 작은 섬에는 신선이 지었다는 사선정의 초석이 아직도 남아있다.

Samilp'o(Three Days) Lake in Hae-Kŭmgang

Located near the village of Kosŏng, this lake ranges five miles in circumference.
This is one of the Eight Most beautiful Sights in Kwandong. In the period of Silla four hermits sailed here for three days and forgot to return home forever. Since then the lake has been called Samilp'o.
On the small islet of the lake there is a shrine dedicated to the four hermits.

⬆ 해금강의 입석

해금강의 관광코스는 입석(立石)해안에서 시작된다. 깎아지른 듯 솟아오른 섬 위로 손을 벌리고 있는 청송(靑松)이 경이로움을 더한다.

Ipsŏk(Standing Stones) in Hae-Kŭmgang
Sightseeing of Hae-Kŭmgang starts from Ipsŏkri Beach. The beauty of the beach is enhanced by the presence of rocky islands, which are chiefly composed of granite and surmounted by green pines.

⬇ 해안에서 본 입석

해안에서 입석을 바라본 풍경이다. 밀려드는 푸른 파도가 거대한 암석에 부딪쳐 백설처럼 흩어진다. 이렇게해서 파도에 침식된 화강암의 기괴한 형상이 만들어지고, 보는 이로 하여금 탄성을 자아내게 한다.

Ipsŏk from a beach
Ipsŏk Beach is the entrance to Hae-Kŭmgang, where tidal waves are dashing toward rocks and scattering like white snow.

⬆ 총석정 전경

총석정(叢石亭)은 관동팔경 중의 하나로 꼽히며 통천군 고저(庫底)에 있다. 고저항은 넓은 면적과 천혜의 소건으로 강원도 제일의 항구이다. 주변에 우뚝 솟아 있는 석주는 해금강의 다른 명소와 버금가는 빼어난 경관을 자랑한다. 그 중에서도 사선봉은 가장 유명한데, 열 개의 석주가 하나로 모여 직립해 있다. 한때는 정상에 관광객들을 위한 정자가 마련되어 있기도 했었다.

The whole view of Ch'ongsŏkjŏng Pavilion
Ch'ongsŏkjŏng, one of the Eight Most Beautiful Sights in Kwandong is at Kojŏ port. A line of hexagonal stone pillars reaches about four or five hundred meters long. There stands Sasŏnbong, which consists of four masses of forty or fifty pillars of fifty feet high.

⬇ 총석정의 일부

Ch'ongsŏkjŏng Pavilion in Hae-Kŭmgang

45

⬆ 해금강 만물상

파도에 침식되어 생성된 기괴한 암벽들의 행진이 수원단(水源端) 등대에서부터 계속 이어진다. '바다의 만물상' 이라는 이름에 걸맞게 늘어선 바위들은 볼거리 뿐 만 아니라, 낚시꾼들에게 최적의 장소를 제공한다.

Hae-Manmnlsang in Hae-Kŭmgang
Hae(Sea)—Manmulsang is situated near the lighthouse at Suwondan. There myriads of rocks, small and large, are scattered along the rocky coast.

⬆ 해금강 촉대암

수원단 등대에서 계속되는 기암절벽들 사이로 촉대암(燭臺岩)이 보인다. 서로 맞닿아 있는 절벽 사이로 노송이 빼곡히 들어차 있다. 파도가 고요할 때 늘어선 기암들의 조화는 흡사 바다 속의 금강산을 연상시킨다.

Ch'okdaeam(Candlestick) Rock in Hae-Kŭmgang
Ch'okdaeam Rock is the adjoining rock—wall of the lighthouse at Suwondan. The wall consists of many fantastic rocks which stand irregularly row upon row.

○ 해금강 송도

입석리 해안에 "동방 53불"의 전설로 유명한 송도(松島)가 있다. 해금강 절경 중의 하나로 파도로 인해 깎인 화강암 절벽 위로 푸른 소나무가 해풍에도 아랑곳없이 그 자태를 뽐내고 있다.

Songdo(Pine-covered) Island in Hae-Kŭmgang
Songdo is on the Ips ŏkri Beach. The varied shapes of the massive granite rocks washed by the waves and the long white dandy beach make a fascinating scene.

○ 해금강의 금강문

금강문은 해금강 최고의 명소로, 서로 다른 두 개의 바위가 어울려 문의 형태를 만들어내고 있다.

Kŭmgangmun Gate in Hae-Kŭmgang
Kŭmgangmun Gate is one of the most celebrated sights of Hae-Kŭmgang. Two large rocks stand side by side, forming a big gate.

◑ 총석정 사선봉

사선봉(四仙峰)을 중심
으로 늘어선 현무암 절
벽들이 거친 파도로 인
해 다양한 형상을 이루
었다. 해금강 관광에서
빼놓을 수 없는 명소로
어족도 풍부했으며 옛
날부터 문인들의 발걸
음이 잦았던 곳이기도
하다.

Sasŏnbong Peak near
Ch'ongsŏkjŏng Pavilion
Rocks of varied shapes
standing in diverse poses
are reflected in trembling
water. This fine scenery has
been a lovely place of poets.

영봉 금강산

춘원 이광수

⬆ 삼각점에서 본 외금강과 해금강

비로봉, 집선봉, 관음봉 등은 각각 독특한 매력을 자랑하는데,고찰 발연사 위쪽의 삼각점에서 바라보면 그 경관이 일품. 해금강과 동해가 손에 잡힐 듯 발아래 펼쳐지며 외금강 전체의 절경이 한눈에 들어온다.

The distant view of Hae-Kŭmgang

The photo shows the distant view of Hae-Kŭmgang from Samgakjŏm Point near the ancient temple "Palyŏnsa". We can see towering peaks, partly covered with green woods and partly with rocks. Far away the East Sea and the fine scenery of Hae-Kŭmgang are seen.
Palyŏnsa Temple and the ravine lie below in profound silence.

비로봉 기행

내 금강의 사선교를 지나 안으로 깊이 들어가면 갈림길이 있습니다. 북으로 뚫린 길은 비로봉으로 가는 길이오, 서로 뚫린 길은 중향성(衆香城) 뒷골목으로 들어가는 길이외다.

이 골목이 보기에 심히 유수(幽邃)하여 그 좁은 골목 어구로 멀리 서쪽에 아아한 백봉두들이 보입니다. 이야기에 흔이 있는 것과 같이 별천지가 열린 것 같습니다.

그러나 동천(洞天)이 운무에 잠겨 자세한 모습을 엿볼 수가 없으니 그것이 도리어 다행일는지 모릅니다. 여기서부터 계곡의 구배가 점점 급하게 되고 구름의 떨어진 조각이 가끔 머리 위로 날라 지나갑니다.

여기서 봉두(峯頭)가 아직도 십리는 넘는다는데 시내 물은 끊어지고 운무는 점점 깊어갑니다. 우리는 끝없는 층층대를 오르는 모양으로 간저(澗底)의 돌을 건너 뛰고 기어올라 거의 발이 흙을 밟을 기회가 없이 올라갑니다.

아직 이끼 앉지 아니한 돌들이 내려오던 길에 무엇에 걸렸는지 중턱에 앉은 것을 보면, 내 발자국의 울림에도 금시에 달려 내려와 선경의 침입자를 가루로 바수려고 벼르는 것 같습니다.

땅의 생긴 모습이 굴러오는 돌을 빤히 보고도 우뚝 선 채로 받을 수 밖에 없이 되었습니다. 한발만 까딱 잘못 놓으면 배밀이 코밀이로 걷잡을 새도 없이 저 밑에까지 굴러 내리게 되었습니다. 아니나 다를까 4,5십보나 기어 올라간 데서 주먹만한 돌이 총알같이 굴러 내려오는 것을 내 처는,

'애그머니 이를 어째'

하고 소리를 지를 뿐이오 피할 수는 없어 우뚝 선 대로 손을 내밀어 오른손 새끼 손가락 하나를 희생으로 삐게 하고 생명은 도로 찾은 일이 있습니다.

이 모양으로 암무(暗霧)를 뚫고 절벽을 추어오르니 어떤 두 봉이 합하여 그것을 연결한 암벽이 있는데 비만 오면 그리로 폭포가 떨어질 모양이오 그 4,5장이나 되는 암벽 위는 양봉간의 동구가 되었는데 거기를 들어가면 또한 한 천지가 있을 듯하나 암무에 막혀 지적을 분별할 수 없고 이따금 바람이 부딪쳐 반향하는 소리가 귀신

☯ 내금강 유점사의 옛 모습

음선대(陰仙臺) 기슭을 지나 선담으로 내려오면 금강산 최대의 사찰 유점사를 만난다. 마가연에서 약 11킬로미터, 길은 좀 험한 편. 청룡산을 등에 지고 앞으로는 남산을 바라보고 있다. 유점사는 신라 남해왕 때 건립되었으며 경내에 자리잡고 있는 거목으로 인해 유점사라는 이름이 붙여졌다고 전해진다. 사진의 사찰은 화재로 소실되었던 것을 조선 중기에 다시 재건한 것이며 본당에 보존되어 있던 53개의 금불상이 유명했으나 지금은 한국전쟁의 전화로 소실되었다고 한다.

Yujŏmsa Temple in Nae-Kŭmgang

This temple has a long history, founded in the middle age of Shilla. Ch'ŏngryongsan Mountain is behind of the temple, which is standing right opposite of Namsan Mountain.
The old record tells that this temple was built when the fifty-three images of Buddas were brought here in the reign of King Namhae of Silla. The name "Yujŏmsa" came from the great elm tree located at the temple.
This temple were burnt down during Korean War.

☯ 신금강 석문 폭포

장쾌한 12폭포를 뒤로하고 계곡으로 들어서면 기승 옥룡굴이 나타난다. 태고의 신비를 그대로 간직한 이 굴은 너무나 깊어 관광하기엔 적당치 않고 계곡을 따라 걷다보면 석문(石門)폭포의 절경을 만날 수 있다. 석문 폭포는 계곡의 가장 안쪽에 자리잡고 있으며 규모는 그리 크지 않지만 거대한 바위 사이로 흘러나오는 힘찬 물줄기가 유니크한 멋을 발한다.

Sŏkmunp'okp'o Fall in Shin-Kŭmgang

After the twelve falls our way becomes narrower and harder to advance. We can reach the noted Okryonggul Cave after advancing 2 km from the twelve fall.
The Sŏkmunp'okp'o Fall is almost at the bottom of the ravine and the water dashes down from the gate-shaped rocks.

의 곡성처럼 처량하게 울려올 뿐이외다. 참말 지옥인지 천당인지 모를 이 무서운 광경 중에 제몸을 두고 보니 경이와 공포를 합한 형언할 수 없는 감정이 그윽히 흉중에 일어납니다.

'여보 어느게 길이오'

하고, 나는 화를 내어 안내자를 재촉하였으나 그는,

'여길텐데……'

하고 점심 보퉁이를 진 채 어물거릴 뿐인데 운무는 더욱 깊어져서 4,5보 밖이 잘 보이지 아니합니다. 저 4,5장 되는 석벽을 기어 오를 것인가, 그렇다 하면 그 근방에 돌무더기의 지로표(指路標)가 있을 것이어늘 아무데를 보아도 인적이라고는 찾을 길이 없습니다.

가도 오도 못하고 우리는 불의에 굴러오는 돌들을 피하느라고 큰 바위 밑에 쪼그리고 앉았습니다.

이윽고 길을 찾아다니던 안내자가,

'여보 여기 길이 있소'

하고 외칩니다. 소리가 오는 방향은 짐작을 하겠으나 그 사람의 모양은 보일 리가 없습니다. 우리는,

'어디요오?'

하고 외쳤습니다. 그 대답이,

'여기요, 이리로 오시요오'

합니다. 우리는 여러번 속은 데 열이 나서,

'그 것은 정말 길이요오?'

하였습니다. 그는,

'정말 길이야요. 돌무더기가 있어요오'

합니다. 돌무더기가 있다 하니 의심할 것도 없습니다. 그런데 소리 오는 방향으로 갈 일이 걱정이외다. 우리는 '어디요오?'를 연해 부르면서 가까스로 수십보를 옮겨 놓으니 멀리 바위 위에 유령 같은 안내자의 모양이 거인과 같이 보입니다. 기실은 멀리 있는 것이 아니오, 바로 5,6보 밖에 섰던 것이외다. 수만 개의 집채 같은 바위를 산정에서 굴려 그것이 채곡채곡 쌓인 듯한 것이 보입니다. 이것이 유명한 금사다리외다.

산 일면에는 덩굴향 등 고산 식물이 깔리고 거기 폭이 10보는 될만한 바위로 된 길이 은하 모양으로 쏜살같이 산정으로 올라갔습니다. 그 사다리를 조성한 바위들은 모두 불 속에서 꺼낸 듯한 자색인데다가 황금색 이끼가 덮여서 과연 금사다리라는 말이 헛말이 아니외다.

서서 아래를 굽어보면 사다리는 깊이깊이 안개 속으로 흘렀고 우러러보면 높이높이 하늘 위로 올랐습니다. 아마 어느 봉 하나가 무너져 그것이 일자로 내려 흘러 이

사다리를 이룬 것인 듯합니다. 그렇더라도 어쩌면 이렇게 신통하게 일필련(一匹練)을 늘여 놓은 듯이 되어 사람들이 올라가는 길이 되게 합니까. 구약 성경에, 야곱이 꿈에 본 하늘로 오르는 사다리가 종교화에 그려져 있지만은 그것은 너무 인공적이라, 천제(天梯)는 반듯이 이 모양으로 되었을 것이외다.

웃노라 옛사람을 바벨탑이 부질없네.
만층의 금사다리 예 있는 줄 모르던가.
알고도 찾는 이 적으니 그만 한이 없어라.

태초라 금강산에 금봉 은봉 있것더라.
금봉 헐어 금사다리 은봉 헐어 은사다리
하늘에 오르는 길을 이리하여 이루니라.

하늘에 오르는 길이 어찌어찌 되었더냐.
금사다리 만층 올라 은사다리 만층 올라
백운을 뚫고 소소로쳐 올라 동북으로 가옵더라.

우리는 사다리를 올라갑니다. 다리를 힘껏 뻗쳐야 겨우 올려 디딜 만한 곳도 있고, 두 손으로 바위 뿌다귀를 꼭 붙들고 몸을 솟구쳐야 오를 만한 곳도 있고 혹은 큰 바위 두 틈바구니로 손, 어깨, 무릎, 발, 옆구리를 온통 발 삼아서 벌레 모양 꿈틀꿈틀 올라갈 데도 있고, 혹 아름이 넘는 바위를 안고 살살 붙어 돌아갈 데도 있고. 혹 넙적한 바위가 덜컹덜컹해서 소름이 쪽쪽 끼치

⬥ 외금강 삼선암

온정천(溫井川)계곡을 따라 한하(寒霞)계곡, 온정폭포, 음(陰)폭포, 만상계(萬相溪) 등을 지나, 한 작은 봉우리를 돌아 나가면 바로 삼선암(三仙巖)의 허리부분으로 나온다. 이 일대는 구만물상이라고도 불리우며 신만물상과 함께 장관을 이루는 곳이다. 삼선암은 세 개의 거대한 기암으로 이루어져 있으며 그 기괴한 형상으로 유명하다.

Samsŏnam (Three Hermits) Rock in Oe-Kŭmgang
Climbing the path along the valley of the Onchŏngch'ŏn Stream, we can see the noted sights of Hanhagyegok Ravine, Onchŏngp'okp'o Fall, Ŭmp'ŏkp'o Fall and Mansanggye Ravine. Advancing more, we can reach Samsŏnam Rock. This is Old-Manmulsang, which is famous for its grotesque sight.

는 데도 있고, 혹 꽤 넓은 바위 틈의 허공을 엇차고 건너 뛸 데도 있지마는 결코 위험한 길은 아니외다. 다만, 대부분이 네발로 기어 오를 데요, 두 발로 걸을 데는 없습니다. 그래서 한층을 기어 올라서는 우뚝 서고, 한 걸음이나 두 걸음 가서 또 한층을 기어 올라서는 우뚝 서고 이 모양이므로 도리어 피곤한 줄을 모르겠습니다. 그러나 네 발로 길 곳이 많으므로 얼마를 안가서 지팡이는 길가에 던져졌습니다. 산길이나 인생 길이나 높은 데를 오르려면 몸에 가진 모든 것을 내어 버리는 것이 가장 중요한 일인 듯합니다.

한 층대 또 한 층대 금사다리 오를적에
앞길은 구름에서 나오고 온 길은 안개 속으로 드네.
길이야 끝이 없어라마는 올라갈까 하노라.

하늘이 높삽거든 가는 길이 평(平)하리까.
가는 길 험하오매 몸 가볍게 하올 것이
두 벌 옷 무거운 전대를 버리소서 하노라.

　이렇게 30분 가량이나 올라가면, 끝이 없는 듯하던 금사다리는 이에 끝나고, 거기서 동으로 덩굴향을 헤치고 10여보를 가면 백설이 덮인 듯한 은사다리가 시작 됩니다. 생긴 모양은 금사다리와 다름이 없으나 다만 돌이 전부 은색의 이끼에 덮여서 올려다 보니 과연 은하와 같습니다. 더욱이 좌우에는 고산 지대의 새파란 상록수가 모두 덩굴이 되어 잔디 모양으로 산복을 덮은데다가 한 줄기 은색 사다리가 구름에 닿았으니 그 신비하고 장엄한 맛이 비길데가 없습니다. 금사다리에는 아직도 진세의 탁(濁)기가 있지마는 은사다리에 이르러서는 일 점의 진(塵)기가 없고 그 깨끗함이 진실로 옥경(玉京)에 가까운 듯합니다. 사람도 이와 같아서 금사다리를 오르는 동안에 장부(臟腑)에 사무친 진세 속념(塵世俗念)은 다 떨어 안개에 붙여 날리고, 은사다리에 이르매, 맑고 시원한 선(仙)기가 골수에 침투함을 깨닫습니다. 천상선관(天上仙官)들도 은사다리 끝 층계까지 밖에는 안 내려오는 듯합니다.

　여기서부터 운무가 더욱 짙어서 참말 지척을 분별할 수가 없습니다. 다만 발 뿌리만 보면서 30분이나 올라가면 끝없는 듯한 사다리도 이에 끝나고 참암(巖)으로 된 영상에 올라섭니다. 영랑봉과 비로봉을 연결한 맥(산줄기)인데, 영랑봉을 말 궁둥이, 비로봉을 말 머리라 하면 여기는 말 안장을 놓을 데라 하겠습니다. 일기가 청랑하면 앞뒤로 안개가 높겠지마는 농무 중에 보이는 것은 오직 사방 10수보 내외외다. 등성이에 올라서니 어떻게 남풍이 몹시 부는지, 산 밑으로부터 올려 쏘는 바람에 몸이 날려 갈 듯합니다. 이따금 그중에도 굳센 바람 결에 영두의 운무가 일부분이 벗어져 병풍 같은 석벽이 발 아래 번쩍 보일 때에는 몸에 소름이 끼쳐 어쩌다가 우리가 이런 곳에 왔나하는 한탄이 날 만합니다. 그러나 6천 척이나 되는 영두에서 바람에 옷자락을 날리며 운무 중에 섰는 쾌미는 오직 지내 본 이라야 알 것이외다.

　우리는 말의 등심뼈라 할 만한 바위로 된 마르랭이 길로 광대가 줄 타는 모양으로 두 팔을 벌려 몸의 중심을 잡으면서 10수보를 가다가,

　'지금 봉두에 올라 가더라도 운무 중에 아무것도
　안 보일 겝니다.'

하는 안내자의 말에 우리는 큰 바위 밑 바람 없는 곳을 택하여 다리를 쉬기로 하였습니다. 벌써 11시 반, 마가연에서 여기 오는 길 30리에 네 시간 이상이 걸린 셈이니 길만 잃지 않으면 세 시간이면 올 듯합니다. 점심을 먹자 하니, 추워서 몸이 떨리므로 얼른 탐험자의 지혜를 배워 이슬에 젖은 자고향(自枯香) 가지를 주워다가 도시락 쌌던 신문지를 불깃으로 간신히 불을 피워 놓고 모두 둘러 앉아서 수통의 물과 도시락을 데우는 한편 몸을 녹였습니다. 검붉은 불길이 활활 붙어 오를 때, 이는 무슨 번제(燔祭)의 성화 같은 생각이 납니다. 우리가 제사장이 되어 비로의 봉두에 올라 운무의 장막 속에 자고향을 피우고 천하 만민의 죄의 사유(赦宥)를 비는 거룩한 천제를 드리는 것이 아닌가 하였습니다.

　나는 극히 엄숙한 마음으로 불길을 따라 하늘을 우러러보며 창생을 염하였습니다.

　'아아! 원하옵나니 나로 하여금 이 몸을 저 불 속　에 던져 만민의 고통을 더는 제물이 되게 하여 주　옵소서'

　우리는 점심을 먹고 이럭저럭 한 시간이 넘도록 기다렸으나 운무가 걷히지를

🔶 만물상의 기암

이 사진은 천녀봉(天女峰) 위에서 바라본 만물상의 절경이다. 천선대 남쪽 절벽 정상에는 '천녀지'라는 호수가 있는데, 기후에 관계없이 늘 푸른 물이 고여있다. 이 곳에는 선녀와 나무꾼 이야기가 전해지고 있어 호수의 신비함을 더해주고 있다.

Grand sight from Ch'ŏnnyŏbong Peak in Oe-Kŭmgang
There are some natural basins between the rocks on the south side of Ch'ŏnsŏndae. These basins are full of never drying pure water. The legend says that nymphs bathed there.

🔶 온정리의 옛 전경

온정리(溫井里)는 강원도 고성군에 속해있는 소도시로, 라듐온천으로 유명한 곳이다. 사방이 산으로 둘러쌓인 이 곳은 봄 가을에는 온천욕을 즐기려는 사람들로 북적이고, 겨울에는 온정리 가까이에 있는 스키장에 스키어들이 몰리던 곳. 마을 안에는 옛날에도 여관을 비롯해 토산품점, 안내소 등이 갖추어져 있었다.

Whole view of Onjŏngri Village in Oe-Kŭmgang
Located in the province of Kosŏng in Kangwondo region, this village is the most popular rest area due to its pure air and radium hot springs.

아니합니다. 나는 새로 두 시가 되면 운무가 걷히리라고 단언 하였지만 운무 중의 비로봉도 또한 멋이리라 하여 다시 오르기를 시작 했습니다. 동으로 산정을 따라 줄타는 광대 모양으로 몇 10보를 올라가면 산이 뚝 끊어져 발 아래 천인절벽이 있고 거기서 북으로 꺾어 성루 같은 길로 몸을 서편으로 기울이고 다시 몇 10보를 가면 뭉투룩한 봉두에 이르니, 이것이 금강 1만 2천봉의 최고봉인 비로봉 꼭대기외다 역시 운무가 사방으로 둘러싸여 봉두의 바위 밖에 아무것도 보이지 아니 합니다. 그 바위들 중에 중앙에 있는 큰 바위를 배바위(船岩)라고 하는데, 배바위라 함은 그 모양이 배와 같다는 말이 아니라, 동해에 다니는 배들이 그 바위를 표준으로 방향을 찾는다는 뜻이라고 안내자가 설명을 합니다. 이 바위 때문에 해마다 여러 천명의 생명이 살아난다고, 그러므로 뱃사람들은 멀리서 이 바위를 향하고 제를 지낸다고 합니다.

이 안내자의 말이 참이라 하면 과연 이 바위는 거룩한 바위외다.

바위는 아주 평범하게 생겼습니다. 이 기교한 산 꼭대기에 어떻게 이렇게 평범한 바위가 있나 하리만큼 평범하고 둥그스럼한 바위외다. 평범 말이 났으니 말이지 비로 봉두 자체가 극히 평범 합니다. 밑에서 생각 하기에는 비로봉이라 하면, 설백색의 일극(戟) 같은 바위가 하늘을 찌르고 섰을 것 같이 생각되더니, 올라와 본즉 아주 평범하고 흙 있고 풀 있는 한 뙈기의 평지에 불과합니다. 그리고 거기 놓인 바위도 그 모양으로 아무 기교함 없이 평범한 바위외다. 그러나 평범한 이 봉이야말로 1만 2천 중에 최고봉이오, 평범한 이 바위야말로 해마다 수천의 생명을 살리는 위대한 덕을 가진 바위외다. 위대는 평범이외다. 나는 이에서 평범의 덕을 배웁니다. 평범한 저 바위가 평범한 봉두에 앉아 개벽 이래 몇 천만년 동안 말 없이 있건마는 만인이 우러러보고 생명의 구주로 아는

것을 생각하면, 절세의 위인을 대하는 듯합니다. 더구나 그 이름이 문인 시객이 지은 공상적, 유희적 이름이 아니오, 순박한 뱃사람들이 정성으로 지은 <배바위> 인 것이 더욱 좋습니다. 비록 이 바위가 문인 시객의 흥미를 끌 만하지 못하지마는 여러 10리 밖 만경창파에 떠다니는 뱃사람들의 어로의 표적이 됩니다.

배바위야, 네 덕이 크다. 만장 봉두에 말 없이 앉 아 있어
창해에 가는 배의 표적이 된다 하니
아마도 성인의 공이 이러한가 하노라.

만 이천 봉이 기(奇)로써 다툴 적에
비로야 네가 홀로 범(凡)으로 높단말가.
배바위 이고 앉았으니 더욱 기뻐하노라.

이윽고 두 시가 되니, 문득 바람의 방향이 변하며 운무가 걷히기 시작하여 동에 번쩍 일월출봉(日月出峯)이 나서고 서에 번쩍 영랑봉의 웅휘한 모양이 나오며, 다시 구룡연 골짜기의 봉두들이 백운 위에 들어나니, 문득 멀리 동쪽에 심벽한 동해의 파편이 번뜻번뜻 보입니다. 그러다가 영랑봉 머리로 태태한 7월의 태양이 번쩍 보이자, 운무의 스러짐이 더욱 속하여 그러기 시작한 지 불과 4,5분에 천지는 물로 씻은 듯한 적나라가 아니라 청나라한 모양을 들어내었습니다. 아아! 그 장쾌 함이야 무엇에 비기겠습니까. 마치 홍몽(鴻) 중에서 새로 천지를 지어내는 것 같습니다.

외금강의 은제

'나는 새 천지의 개막식을 보았다.'
하고 외쳤습니다. 이 마음은 오직 지내 본 사람이어야 알 것이외다. 캄캄한 홍몽 중에 난 데 없는 일조 광선이 비치어 거기 새로운 봉두가 들어날 때 우리가 가지는 감정이 창조의 기쁨이 아니면 무엇입니까.
'나는 창조의 기쁨에 참여하였다.'
라고 말하고 싶습니다.

홍몽이 부판(剖判)하니 하늘이오 땅이로다.
창해와 만 이천 봉 신생의 빛 마시올 제
사람이 소리를 높여 창세송을 부르더라.

천지를 창조하신 지 천만년가 만만년가.
부유 같은 인생으로 못 뵈옴이 한일러니
이제사 지적에 되서 옛 모양을 뵈오니라.

진실로 대자연이 장엄도 한저이고.
만장봉 섰는 밑에 만경파를 놓단말가.
풍운이 불측한 변환이야 일러 무삼하리오.

참말 비로 봉두에 서서 사면을 돌아보면 대자연의 웅대, 숭엄한 모양에 탄복하지 아니할 수 없습니다. 봉의 높이는 겨우 6천 9척에 불과하나 내 키 5척 6촌에서 이마 두치를 감하면 내 눈이 해발 6천 14척 4촌에 불과하지마는, 첫째는 이 봉이 1만 2천 중에 최고봉인 것과 둘째는 이 봉이 바로 동해가에 선 것, 이 두 가지 이유로 심히 높은 감각을 줄 뿐더러 그리도 아아던 내금강의 제 봉이 저 아래 2천 척 내지 3,4천 척 밑에 모형 지도 모양으로 보이고 동으로는 창파가 (거리는 40리가 넘겠지만)

뛰면 빠질 듯이 바로 발 아래 들어와 보이는 것만 해도 그 관경이 웅장함을 보려든 하물며 사방에 이 봉 높이를 당할 자 없으므로 안계가 무한이 넓어 직경 수백리의 일원을 한 눈에 부감하니, 그 웅대하고 장쾌하고,숭엄한 맛은 실로 비길 데가 없습니다.

비로봉 올라서니 세상 만사 우스워라.
산해 만리를 일모(一眸)에 넣었으니
그 따위 만국 도성이 의질(蟻)에나 비하리오.

금강산 만 이천 봉 발 아래로 굽어보고
창해의 푸른 물에 하늘 닿은 곳 찾노라니
청풍이 백운을 몰아 귓가으로 지나더라.

비로봉에서 보는 아름다움 중에 가장 장쾌한 것은 동해를 바라봄이외다. 모형 지도와 같은 외금강, 고성 지방을 사이에 두고 푸르다 못하여 까매 보이는 동해의 끝없는 평면의 이 쪽은 붓으로 그은 듯한 선명한 해안선으로 구획되고 저쪽은 바다 빛과 같은 하늘과 용합하여 이윽히 바라보매, 어디까지가 하늘이오, 어디까지가 바다인지를 알 수 없으며, 물결 안 보이는 푸른 거울면에 백수점의 범선이 떠 있는 양은 참으로 장하다 할까, 신비하다 할까. 적당한 말을 찾을 수가 없습니다.

창해의 끝없음이 나의 마음이오.
푸르고 반듯함이 나의 뜻이니
활달하고 심원한 창해의 덕은
무궁하고 무한한 하늘과 합해.

◐ 신금강 12폭포

신금강이란 유점사, 미륵봉 부근, 성문동(聲聞洞)계곡 등의 총칭으로 이 계곡 안에는 송림사, 백천폭포, 천화폭포 등의 명승이 있고, 12폭포는 신금강 제일의 관광코스라 할 만하다. 신금강 제일의 관문인 송림사에서 약 2킬로미터 들어가면 오른쪽에 거대한 암벽이 보인다. 12폭포는 바로 이 암벽정상에서 아래까지 열 두 계단에 떨어지는 물줄기에 의해 만들어 졌다.

The twelve falls in Shin-Kŭmgang

Shin-Kŭmgang consists of Yujŏmsa Temple, Mirŭkbong Peak and Sŏngmundong Ravine. There are Songrimsa Temple, Paekchŏnp' okp' o Fall, and Chŏknwhap' okp' o Fall

The twelve falls are the finest view in   Shin-Kŭmgang. The water dashing down from the peak fills the mountain with thundering sound.

백천(百川)을 다 받으되 넘침이 없고
만휘(萬彙)를 다 먹이되 줄음이 없네.
가다가 폭풍 맞아 노한 물결이
하늘을 치건마는 본색은 화평.

만일 이곳에 우물을 얻을진댄 한 암자를 짓고 일생을 보내고 싶습니다. 진실로 그렇다 하면 신선이나 다르랴. 그래서 세속의 시끄럽고 더러움과 인연을 끊고 창해와 하늘과 백운과 청풍으로 벗을 삼아 일생을 마치고 싶습니다.

이 곳의 지형이 영랑봉을 서단, 비로봉을 동단,이양봉을 연결한 척골로 남변을 삼고, 북으로 완완히 경사한 한 고원을 이뤘는데 그 주위가 10리는 넉넉할 듯하고 그 고원 일면에는 향나무와 자작나무가 빽빽하여 마치 목초장을 바라보는 듯합니다. 그리고 그 나무들이 평지의 나무와 달라 키가 5,6척에 불과하고 모두 덩굴이 되어 서로 얽혔으므로 도저히 그 속으로 사람이 헤어날 수는 없습니다. 반공에 얹어놓은

⬆ 등산로에서 본 비로봉 전경

The magnificent view from the mountain path to Pirobong Peak in Oe-Kŭmgang

On the way to Pirobong Peak, we can see a secluded ravine, uproarious falls, deep and clear rushing streams. Indeed, the changeful views from one to another are unparalleled. By going several hundred meters up along Kŭmje and Ŭnje, we can reach the summit of Pirobong Peak.

나무 바다! 진실로 기관이외다. 만일 이 나무를 베어내면 여기 훌륭한 절터가 될 것이오, 이 고원의 한복판 우묵한 곳에서는 청렬한 음료수를 얻을 것 같습니다. 어느도승이 여기다 절을 창건하지 아니하려나… 그리고 이 넓은 마당에 1만 2천 권속을 모으고 반야경을 설할 보살은 없나….

아아! 아무리 하여도 비로봉의 절경을 글로 그릴 수는 없습니다. 아마 그림으로 그릴 수도 없을 것이외다. 몽상 외의 광경을 당하니 다만 경이와 탄미의 소리가 나올 뿐이라, 내 붓은 아직 이것을 그릴 공부가 차지 못하였습니다. 다만 볼 만하고 남에게는 말할 만하지 아니하니 내가 할 말은 오직,

비로봉 대자연을 사람아 묻지마소.
눈도 미처 못 보거니 입이 능히 말할손가.
비로봉 알려하옵거든 가 보소서 하노라.

과연 그렇습니다. 비로봉 경치는 상상하려 해도 상상할 수 없는 것이니, 하물며 말로 들어 알 줄이 있으리오. 오직 가 보아야, 그 사람의 천품을 따라 보리만큼 보고 알리만큼 알 것이외다.

세 시가 되자마자 저 서편 준허봉 머리에 뭉쳐 있던 한 덩어리 검은 구름이 슬슬 풀리기 시작하고, 방향 잃은 바람이 정신 없이 불어오더니, 구룡연에서 한줄기 실안개가 일어나, 옥녀봉 고운 머리를 싸고 돌더니, 문득 골짝이마다 햇솜 같은 구름이 뭉틀뭉틀 일며 미처 단예할 사이도 없이 구룡연 골목을 감추고, 동해를 감추고 3,4분이 못되어 운무가 사색하고 음풍이 노호하여 아까 올라올 때와 꼭같이 되고 말았습니다. 진실로 헤아릴 수 없는 자연계의 변환이외다.

거룩한 이 경개를 속안(俗眼)에 오래 뵈랴

걷혔던 구름막이 일진풍에 나리눗다.
인간에 할 일 바쁘니 돌아갈까 하노라.

우리는 아직도 다 타지 아니한 불을 다시금 보고 은사다리를 밟고 내려옵니다. 마치 무슨 영광에 찬 큰 잔치를 치르고 돌아오는 손님 같은 생각이 납니다. 8월 11일 오후 2시부터 3시. 이것은 우리가 창세주의 초대의 특전을 받아 그 창조의 광경을 배관하던 기념할 날이오, 시외다.

대주재 뫼시옵고 창세연 뵈옵다가
선주(仙酒)에 대취하여 창세송 아뢰옵고
석양에 옷을 날리며 은사다리 나리니